两个人的
小厨时光

COOKING FOR TWO

中信出版集团 · CHINACITIC 北京

许多人开始学习厨艺都是在离开家自己住的时候。我也一样，第一次下厨是在去纽约念书之后。

我必须承认在此之前我是个“妈宝”，但也不能都怪我，是我妈妈太能干了。

除了基本家事外，她还会打毛衣、做手工皮包，重点是，妈妈的厨艺真的很好。咸酥鸡、肉圆、猪脚面线、粽子、狮子头等大菜小菜都难不倒她。二十几年前，我们家的餐桌上就有美式乳酪蛋糕、巧克力蛋糕、饼干等西式甜点。在这种环境下长大的孩子怎么会下厨？我曾以为我这辈子都不用烦恼吃饭这件事。此外，开过海鲜餐厅的爸爸在放假日就会带着我们一家到处找美食，我就是这么一个有口福的孩子。

但是小孩总会长大，总要离开家的。到了纽约后我惊觉，如果餐餐在外面吃，我可能很快就要破产了。我硬着头皮，到华人超市凭着记忆开始采买食材，下厨拼凑妈妈的味道。

在纽约，有三件事影响了我日后的厨艺。第一，到处都是餐厅啊！纽约因为有来自世界各国的移民，自然有世界各国的料理，而且都相当地道，许多菜跟在中国台湾吃到的不一样，原来很多都改良过了。这让我很好奇，不停地去挖掘料理的“真相”，到底其他国家的人吃什么？第二，24小时的美食频道“Food Network Channel”。打开电视从早到晚都有人教你做菜，介绍美国各地的餐厅及饮食文化。我就靠着美食频道的各位大厨，开启了西餐烹调之路。第三，失业。对，失业。我在美国的第一份工作因为公司被并购而被裁员。在找下一份工作期间，我跟自己说不能在家浪费时间，所以我去了一些厨艺教室上课。最后，我来到了以教意大利菜为主的“Rustico Cooking Studio”，我在这里学习并吃到了令人感动的家常意大利菜。我厚脸皮地询问经营者自己可不可以来实习，从不收实习生的米柯尔（Micol）竟然答应了。我很感谢Micol的教导，许多日后我上课的技巧都是她教我的。

在纽约住了几年，回台湾后，我还是会定期出去旅游，到处品尝当地料理。我的小小料理教室是个偶然，一开始只是为公司同事而开，后来口耳相传也有许多新朋友来上课。我上课的菜单都是我吃过并爱吃的菜，一方面要忠于原味，一方面食材要容易取得，常常开菜单就花我好多时间。

一开始接到出版社的邀约，我非常惊讶，我不是名人啊！而且我刚好怀孕，编辑说她愿意等我生产完再催稿，而我同时孕育了两个小孩。菜单改了好几回，一直到最后拍照期间还边拍边换菜单，因为不容易买到食材的菜单不能用，做法太繁复的不能用……不过整个写书过程最难的不是一天要赶拍几十道菜的照片，而是文字。

我非常羡慕文笔好的人，写书真的不是一件简单的事，有很多细节要考量。虽然书里许多菜在课上教过，但是化成文字要让人看懂，跟上课示范讲解是完全不同的。

这本书是非科班出身的我从做菜给自己吃到结婚煮给家人吃、及过去上课的成果及小技巧，也是我在美国的美食回忆，希望我的食谱可以带给大家做菜的灵感及乐趣。

在此感谢很会带孙子的妈妈，以及依旧开着车带我们去吃美食的爸爸，手艺跟姐姐一样好、又注重食材的阿姨，我那挑嘴的先生，不会做菜可是很会设计餐厅装潢的弟弟，持续当我小白鼠的同事朋友，所有来上过课的朋友，不断给我鼓励的编辑莉娜（Lina），完全知道我要的风格的摄影老师，向出版社推荐我的英格丽（Ingrid），提携后辈不遗余力、给我建议的麦琪（Maggie）老师，我的厨艺导师米柯尔·内格林（Micol Negrin），发明美食频道的人，还有纽约——我最难忘的城市以及遣散我的公司……

CONTENTS

PART 03

下午茶时光

PART 04

2+1 大人小孩都爱的料理

PART 05

我是善用食材的料理好手（食材保鲜小技巧）

肉类

蔬菜水果及香料类

乳制品

面包

食材 & 调味料的选择与采购

基本食谱 Basic Recipes

书中材料的杯与匙
是烘焙用量杯与量匙
—
1 小匙＝ 5ml
1 大匙＝ 15ml
1 杯＝ 240ml
1 杯中筋面粉＝ 125g

意大利番茄酱

Tomato Sauce

番茄酱的用途很广，是家里的常备食材。趁着番茄盛产选购熟透的番茄来制作，如果没有适合的新鲜番茄，尽量选择进口意大利番茄罐头。如果家里有胡萝卜，也可以将胡萝卜磨成泥加入酱汁一起熬煮，增添色泽及天然甜度。

材料（约可做 2 杯）

整粒番茄罐头（canned whole peeled tomatoes）……1 罐（28oz/794g）
橄榄油……2 大匙
大蒜……2 瓣
洋葱……半颗（切碎）
糖……1 大匙（选择性）
盐及胡椒……适量

做法

1 你可以用果汁机将番茄打成泥，或是用汤匙稍微压碎，保留有果肉的口感。

2 热锅倒入两大匙油，放入大蒜及洋葱末，炒约 3 分钟后将大蒜捞起。

3 加入番茄及糖，小火煮 40 分钟，中间要不时搅拌，防止底部焦掉，煮到油浮起，番茄尝起来没有生味，最后加入适量盐及胡椒即完成。

※ 储存方式：准备数个用滚水消毒过的可密封玻璃罐，将热的番茄酱倒入罐中接近满罐的状态，盖好盖子，将罐子倒过来放凉。未开罐的在冰箱冷藏可以放一个月，开罐过的冷藏 4 天。

烤大蒜

Roasted Garlic

烤过的大蒜吃起来香甜，少了呛味，可以直接抹在面包上品尝。也可以加在马铃薯泥，或美乃滋里做成美味的蒜味蘸酱等。用途很广，中西菜都能运用。

材料

大蒜头……数颗
橄榄油……适量

做法

1 预热烤箱至 200℃。

2 将整颗蒜头的外皮剥掉剩下一两层，在尖的一头切掉约 1 到 2 厘米，露出每一瓣的大蒜。

3 淋上橄榄油，用铝箔纸包起来，放入烤箱烤约 40 分钟或至大蒜轻压可以压成泥状为止。

※ 储存方式：将烤好的大蒜包好，可以储存在冰箱中一个星期。

派皮

Pie Crust

我很爱吃派，无论是甜的或是咸的都很爱吃。我试过无数的派皮配方，
最后发现黄油的品质及温度是好吃派皮的关键，选择脂肪比高的黄油，
一般欧洲黄油的脂肪比在 82% 以上，做出的派皮较香也较酥脆。
另外黄油及水一定要冰，才能创造酥脆的口感。
在炎热的夏天做派皮，我常使用食物调理机打碎冰过硬化的黄油。

材料（可做 1 个 9 英寸带盖派）

中筋面粉……312g
盐……1/4 小匙
无盐黄油……280g
冰水……适量

做法

1 将无盐黄油切成小块，放入冷冻库中约 10 分钟。

2 在一个大碗里将面粉及盐混合均匀，加入小块黄油，用指尖将黄油快速捏碎与面粉混合。

3 加入约 5 大匙的冰水轻柔地将面粉捏成面团，如果太干，一次加一大匙冰水。

4 将制作好的面团用保鲜膜包好，放入冰箱冰至少 1 小时后使用。

手工操作将黄油捏进面粉。

也可用搅拌机操作混合。

加冰水后能捏起成团即可。

鸡高汤

Chicken Stock

刚开始学做菜都会专程买材料来煮高汤，直到我在纽约的料理教室实习，
老师会在我备料的时候交代我把蔬菜、香草切下不用的地方都留下来，
这些全部都是要与鸡骨一起煮成高汤的。
所以在家可以收集剩下的材料，既可以减少厨余，又可以做美味的高汤。

材料

橄榄油……1 大匙
鸡架……1 副
洋葱……2 颗（切块）
胡萝卜……2 根（切块）
芹菜根……3 支（切块）
月桂叶（bay leaves）……2 片
黑胡椒粒……2 大匙
大蒜……3 瓣
香草（巴西里 parsley，百里香 thyme）……1 把

做法

1 在汤锅中热 1 大匙橄榄油，将洋葱、胡萝卜及芹菜炒过，加入其余的材料，加水盖过食材，小火炖煮 40 分钟。

2 捞起食材，过滤后放凉冷藏或冷冻保存。

注：做好的高汤可放入制冰盒中冷冻（如下图右），方便料理时使用。

PART 01

我们两个人的甜蜜晚餐

一锅料理：南美风味鸡肉饭

One Pot Latin-Style Chicken and Rice

有时候想到煮一餐饭后要洗许多锅碗瓢盆就会发懒，
这道有异国风味的料理，只需要一只锅就可以完成。
因为生米是直接放进锅里与其他食材一起烹调的，
最好是用泰国米或印度米，煮出来的口感不会过于软烂。
另外卡宴辣椒粉能增添这道菜的风味，敢吃辣的人一定要加！

材料

带皮带骨鸡大腿……2 只
盐及黑胡椒……适量
红椒粉（sweet paprika）……2 小匙
卡宴辣椒粉（cayenne pepper）……1/2 小匙
橄榄油……1 大匙
中型洋葱……半颗（切丁）
中型甜椒……1 颗（切丁）
干燥奥勒冈叶（dried oregano）……1 小匙
姜黄粉（turmeric）……1/4 小匙
孜然粉（cumin powder）……1/2 小匙
泰国米或印度米……3/4 杯
番茄罐头或自制番茄酱（参照 p.08）……400g
水或鸡汤……300ml

做法

1 在鸡大腿两面均匀撒上盐、黑胡椒、红椒粉及卡宴辣椒粉。

2 在一铸铁锅或深锅中热一大匙橄榄油，把鸡大腿煎至焦黄，取出鸡大腿，放置盘中备用。

3 把洋葱及甜椒放入锅中，以中火炒软。

4 再加入米、奥勒冈叶、姜黄粉及孜然粉，拌炒均匀。

5 把鸡大腿放回锅中，倒入番茄罐头，加入水或鸡汤，煮至沸腾后，转小火盖锅焖煮约 40 分钟，至鸡大腿及米煮熟，汤汁收干即可。

苹果猪排＋绵密马铃薯泥

Pork Chops with Apples and Mashed Potatoes

我很喜欢吃苹果派，从没想过苹果可以做成咸的料理，
到美国念书后发现很多餐厅都有苹果搭配猪肉或是鸭肉的菜，
酸甜的苹果可以解肉的油腻。如果买到的猪排比较厚，可以先用苹果汁腌半小时使其入味。

苹果猪排

猪排材料

里脊肉……2 片（1 片约 140g）
橄榄油……1 大匙
盐及黑胡椒……适量

苹果酱汁材料

无盐黄油……20g
中型苹果……1 颗（切约 1 厘米厚片）
新鲜或干燥百里香……1/2 小匙
葡萄干……12g
苹果汁……1/2 杯
黑糖……1 大匙
肉桂粉……1/4 小匙
盐及黑胡椒……适量

做法

1 将里脊肉两面均匀撒上盐及胡椒。

2 在平底锅中热油，将里脊肉煎至两面金黄及熟透后起锅备用。

3 在另一个干净的平底锅中将黄油融化，加入苹果及百里香，拌炒约 8 分钟。

4 加入其余材料，用盐和黑胡椒调味后，小火煮约 10 分钟或至苹果煮软即可。

5 上桌前，将苹果及酱汁淋在煎好的猪排上。

绵密马铃薯泥

材料

马铃薯……1 颗（中型）
无盐黄油……30g
牛奶……70ml
盐……适量

做法

1 马铃薯削皮切块放入锅中，加冷水盖过马铃薯。

2 在锅中加一大匙盐，中火煮约 10~15 分钟，至叉子或刀可以穿透马铃薯。

3 在另一锅中将牛奶及黄油加热融化备用。

4 马铃薯煮好后将水沥干，用捣泥器将马铃薯压成泥。

5 一边慢慢加入牛奶及无盐黄油一边搅拌，让马铃薯泥吸收牛奶，最后用盐调味即可。

啤酒淡菜

Beer Steamed Mussels

淡菜是比利时名菜，
在这里我不用常见的白酒，
而用比利时淡啤酒来煮淡菜。
酱汁带有一点啤酒的苦还有黄油的香，
记得准备一大条法国面包来蘸酱汁享用。

材料

淡菜……450g
洋葱丝……1 杯
大蒜……2 瓣
比利时淡啤酒……150ml
无盐黄油……2 大匙
新鲜巴西里（parsley）……适量（切碎）

做法

1 热锅，加 1 大匙油，炒洋葱丝及大蒜，约 5 分钟后将大蒜取出。

2 放入淡菜及啤酒，盖锅将淡菜焖熟。

3 加入 2 大匙无盐黄油，稍微搅拌将黄油融化，关火，撒上巴西里即完成。

牛肝菌菇奶油意大利面

Porcini Mushroom Linguine

牛肝菌菇有股特殊的香气，
价钱虽昂贵，但牛肝菌菇干只要一点点就能提味，
这是我秋冬最喜欢吃的意大利面口味。

材料

宽扁意大利面（linguine）……200g
蘑菇……180g（切片）
牛肝菌菇干……1/4 杯
橄榄油……1 大匙
无盐黄油……1 大匙
红葱头……4 瓣（切碎）
鲜奶油……1/4 杯
盐及黑胡椒……适量
巴西里或百里香……适量
帕马森干酪粉（parmigiano-reggiano)……1/3 杯

做法

1 将牛肝菌菇加入约 1/2 杯的热水泡开。

2 意大利面依包装煮八分熟，同时在平底锅中热 1 大匙橄榄油及 1 大匙无盐黄油。

3 加入红葱头炒 2 分钟，再加入蘑菇及一小撮盐炒 5 分钟。

4 加入泡开的牛肝菌菇及滤过的牛肝菌菇水，稍微拌炒一下，把意大利面放入。

5 加入鲜奶油煮沸约 1 分钟，拌入帕马森干酪粉，最后再用盐及胡椒调味，撒上巴西里或百里香，趁热食用。

美式牛肉汉堡及烤地瓜条

Classic Beef Burger with Oven Baked Sweet Potato Fries

婚前每到星期五一定会跟朋友出去吃饭。婚后，星期五下班最喜欢的事就是回家看 DVD。看电影对我来说最棒的享受就是吃汉堡喝啤酒，要做出好吃的美式汉堡真的很容易，你也可以在买牛绞肉回家后就先做成汉堡排放在冷冻室保存，不用退冰，直接下热锅煎，不到 10 分钟就能享受美味的汉堡！

美式牛肉汉堡

材料（2 个双层肉片及起司汉堡）

汉堡面包……2 个　新鲜牛绞肉……500g

切达起司片（cheddar cheese）……4 片

番茄（切片）……4 片　生菜叶……适量

生洋葱……适量　番茄酱……适量

做法

1 将不粘锅或铸铁锅加热，将新鲜牛绞肉平均做成 4 个厚约 1.5 厘米的汉堡排。

2 牛绞肉片煎 3 分钟后翻面，在上面铺上起司片，再煎约 2~3 分钟。

3 在汉堡面包上涂上适量番茄酱，依序叠上汉堡排、番茄片、生菜及生洋葱。

烤地瓜条

材料

中型地瓜……2 条（削皮切条）

植物油……适量

盐……适量

做法

1 烤箱预热至 200℃。

2 将地瓜条裹上油及盐，放入烤箱烤 15 分钟。

3 将地瓜条翻面再烤 15 分钟或至地瓜烤熟。

香煎鸡排佐热带水果莎莎酱＋黑豆饭

Blackened Chicken with Mango Salsa and Black Bean Rice

这是一道美国南方与拉丁美洲的混搭料理，香料鸡排的灵感来自于在纽奥良吃到的焦黑鱼排（blackened fish），焦黑的色泽是香料用黄油高温烹调后产生的。

用夏天盛产的芒果做成的简单冰凉莎莎酱，

搭配香料味十足的鸡排，相当开胃，配一杯冰啤酒，让人有在加勒比海度假的感觉。

香煎鸡排佐
热带水果莎莎酱

芒果莎莎酱材料

中型芒果……1 颗（切丁）
小红洋葱……1/4 颗（切碎泡冰水后沥干以减少呛味）
柠檬汁……1 大匙　　盐及黑胡椒……适量
香菜……数根（切碎）

做法

将芒果莎莎酱的材料混合好后，放入冰箱冷藏至少半个小时入味。

鸡排材料

鸡胸肉……2 片（拍成薄片）
红椒粉（paprika）……1/2 大匙
小茴香粉（cumin powder）……1/2 小匙
卡宴辣椒粉（cayenne pepper）……1/4 小匙
百里香（thyme）……1/2 小匙
奥勒冈（oregano）……1/2 小匙
盐及黑胡椒……适量
无盐黄油……14g

做法

1 将鸡胸肉两面皆撒上盐、胡椒及所有的香料，喜欢吃辣的可以多加辣椒粉。

2 将一个平底锅加热，在锅面抹一点黄油，将鸡肉放下去煎，两面各煎约 4 分钟（视鸡肉厚度）或至鸡肉煎熟。

3 搭配芒果莎莎酱上桌享用。

黑豆饭

材料

长米或泰国米……1 杯
黑豆罐头……200g（将罐头内水沥干）
洋葱……半颗（切碎）
姜黄粉……1 小匙

做法

1 将米依包装指示洗好，在加水后加入姜黄粉一起放入电锅煮。

2 热锅加入一大匙油，炒香洋葱再加入黑豆拌炒约 5 分钟。

3 炒好的黑豆拌入煮好的姜黄米即可。

焗烤意大利香肠空心面

Baked Ziti with Italian Sausages

焗烤意大利面是最适合请客的料理之一，做法简单，可以事先预做，大人小孩都爱吃。这里使用的是加入小茴香籽（fennel seed）等香料的意大利香肠，可以在网上购得，你也可以换成意大利肉酱，吃起来几乎是懒人版的千层面。

材料（2 人份）

笔管面……250g
橄榄油……1 大匙
意大利香肠……4 条（切碎）
马自拉乳酪丝（mozzarella）……350g
市售或自制番茄酱（p.08）……400g
帕马森干酪粉（parmigiano-reggiano）……1/3 杯

做法

1. 将意大利面条依包装上建议的时间煮到半熟备用。
2. 预热烤箱至 200℃。
3. 热锅加入一大匙橄榄油，将切碎的香肠炒熟。
4. 将意大利面、煮好的香肠、番茄酱、3/4 份的马自拉乳酪丝及一半分量的起司粉放入烤盘中拌匀。
5. 最后撒上剩下的乳酪丝及干酪粉，放入烤箱烤 20 分钟或至乳酪融化，表面金黄即完成。

材料

西瓜……切丁（分量可自行调整）
费达起司（feta cheese）……切丁
薄荷叶……适量
意大利酒醋（balsamic vinegar）……适量

做法

将西瓜、起司及薄荷叶放入盘中，要吃的时候再淋上酒醋（太早淋上酒醋或柠檬汁会令西瓜出水）。

希腊西瓜沙拉

Watermelon and Feta Salad

在美国过国庆日如同在我的家乡过中秋节，大家都爱烤肉。但美国烤肉据说是男人的专利。
我在美国期间也见识到了，几乎是同事们的先生或男友在掌管烤肉台。
西瓜沙拉是很常出现的搭配烤肉的配菜之一，西瓜沙拉轻爽又开胃，
咸咸的羊奶起司让西瓜吃起来更甜，完全没有违和感。除了意大利酒醋外，
也可以搭配初榨橄榄油及柠檬汁。

香吉士葡萄柚沙拉

Orange and Grapefruit Salad

这是一道欧美常见的沙拉，我想受欢迎的原因除了简单快速、食材取得容易外，像幅画的沙拉让餐桌增添美丽的颜色。如果在市场里买到茴香头（fennel），可以将茴香头削薄片，加入沙拉，将蜂蜜改成初榨橄榄油，摇身一变成为意大利风味沙拉。

材料（2人份）

红肉葡萄柚……1颗
香吉士……1颗
原味开心果……1小把（烘烤过）
蜂蜜……适量

做法

将葡萄柚及香吉士削皮切薄片后摆盘，撒上开心果，淋上蜂蜜即可。

蛤蜊巧达浓汤

Clam Chowder

冷冷的冬天最适合来一碗汤，我最喜欢蛤蜊巧达汤，去大卖场的时候总是会买现成的来喝，虽然自己做必须要一一去蛤蜊壳比较麻烦，但是自己煮总是安心一些。

如果在面包店看到大的圆形欧式面包的话，可以买回来将里面的面包挖出来，就可以做成旧金山知名的面包碗巧达汤了。

材料（2人份）

蛤蜊……600g

橄榄油……1大匙

无盐黄油……15g

中型洋葱……半颗（切碎）

西洋芹……1根（切碎）

马铃薯……2个（切块）

面粉……2大匙

鲜奶油……100ml

牛奶……120ml

做法

1 蛤蜊吐沙后，加两大杯水煮到蛤蜊打开，捞起去壳备用，留下蛤蜊汤。

2 在汤锅中热橄榄油及黄油，加入洋葱，炒约5分钟，至洋葱变软，加入西芹，炒2分钟。

3 加入马铃薯及蛤蜊汤，小火煮至马铃薯煮熟。

4 将面粉、鲜奶油、牛奶搅拌均匀后，加入汤中。用中火边煮边搅拌，直到浓稠。

5 加入蛤蜊肉、盐及胡椒调味，再煮约2~3分钟即可。

PART 02

只有你和我的幸福早午餐

费城牛肉起司三明治

第一次在费城吃牛肉起司三明治，我只能用震撼两字来形容。在没有心理准备的情况下，端上来的是比我前手臂还长的三明治，夹着满满的牛肉及香浓起司，让人看了口水直流。友人赌我吃不完，但他太小看我了，这么好吃的东西哪有吃不完的道理。

材料

小洋葱（切片）……1 颗
牛小排火锅片……450g
油……2 大匙
盐及黑胡椒……适量
切达起司（cheddar cheese）或帕芙隆乳酪（provolone）……8 片
面包（这里使用法国长棍面包，也可使用热狗面包）……2 个

做法

1 在平底锅中热 2 大匙油，将洋葱炒软。

2 加入牛肉片拌炒，并加入盐及黑胡椒调味。

3 在面包上铺满起司片，把炒好的洋葱牛肉放在起司上并趁热食用。

“黑石蛋”佐牛油果酱

Eggs Blackstone with Avocado Sauce

班尼迪克蛋近年来在早午餐界享有盛名，只要讲到早午餐，就一定会想到班尼迪克蛋。
在美国，用培根取代火腿的班尼迪克蛋叫“黑石蛋”（Eggs Blackstone）。
搭配这道料理的荷兰酱一般是用蛋黄及奶油制成，热量不低。我改用牛油果酱，
牛油果跟蛋的味道很搭，而且牛油果本身的油脂对身体好。
这个牛油果酱也可以用做生菜沙拉的沙拉酱。

材料（2人份，各2个蛋）

英式马芬面包……2个
蛋……4颗
培根……8片
番茄（切片）……1颗
牛油果……1颗
柠檬（榨汁备用）……半颗
橄榄油……2大匙
盐……适量
热水……1/3~1/2杯

做法

1 牛油果酱：用果汁机将牛油果、柠檬汁及橄榄油打匀，加入适量的水调整浓稠度，最后加入盐调味备用。

2 将培根用平底锅煎熟备用。

3 煮一锅水使之沸腾后转小火，将蛋打入小杯子中，再将蛋滑入水中，煮约2~4分钟，捞起备用。

4 面包稍微烤过，依序放上切片番茄、培根及蛋，最后淋上牛油果酱即可。

芦笋咸派

Asparagus Quiche

我的意大利语老师嫁到法国诺曼底地区，我们因而有幸去她婆婆家做客。
在法国的一星期，法国婆婆每天都会煮三餐给我们吃，
而且一定会做一道代表法国的菜，例如可丽饼、水果塔、油封鸭腿炖白豆等。
有天下午的点心，婆婆就端出了法式奶油（Crème fraîche）咸派，
蛋馅吃起来浓郁滑顺。我国台湾不好买到法式奶油，
这里用鲜奶油代替，请不要因为怕胖而不用鲜奶油喔！

材料（9 英寸派一个或 3 英寸派 4 个）

市售或自制派皮（p.10）……1 份
芦笋……10~12 支（其中两支切小段）
洋葱……半颗（切碎）
橄榄油……2 大匙
全脂牛奶……120ml
鲜奶油……120ml
蛋……3 颗
盐及黑胡椒……适量
帕马森起司粉……1/3 杯

做法

1. 预热烤箱至 200℃。
2. 将派皮擀好铺在派盘上，放上一层铝箔纸或烤盘纸，在中间铺满派重石或干豆子后，放入烤箱烤约 20 分钟。小心地拿掉派重石及烤盘纸，继续烘烤派皮至烤熟及上色约 10 分钟。从烤箱中取出备用。
3. 热锅，用橄榄油将洋葱炒软后，再加入两支切段的芦笋、适量盐及黑胡椒，拌炒 2 分钟，熄火备用。
4. 在一个碗中，将蛋及牛奶、鲜奶油拌匀，加入少量的盐调味。
5. 将洋葱馅平均铺在烤好的派皮上，小心地倒入蛋汁，将剩下的芦笋铺在蛋汁上，最后撒上起司粉，放入烤箱烤约 15 分钟至周围的蛋汁凝固，但中间会稍有一点点晃动，放凉至少 20 分钟后即可。

法式烤盅蛋

Baked Eggs in Tomato Sauce

我常在冬天的早上做烤蛋当早餐，热乎乎的蛋加上沸腾的番茄酱冒泡跳着舞，用烤得酥脆的面包蘸着半熟的蛋黄吃，整个人都暖和了起来。

材料（1 人份）

自制或市售意大利面番茄酱……1/2 杯
鸡蛋……1~2 颗
鲜奶油……2 大匙
盐及黑胡椒……适量
罗勒叶……适量（切丝）

做法

1 烤箱预热至 200℃。

2 将番茄酱放入小烤皿中，打入 1 或 2 颗蛋。

3 在蛋白上淋上鲜奶油，再撒一些盐及黑胡椒，送进烤箱烤约 15~18 分钟（视个人对蛋黄熟度的喜好做调整，15 分钟的蛋黄是半熟的）。

4 将罗勒叶切丝，撒在蛋上做装饰即可。

注：也可将番茄酱换成“扁豆蔬菜汤 p.91”

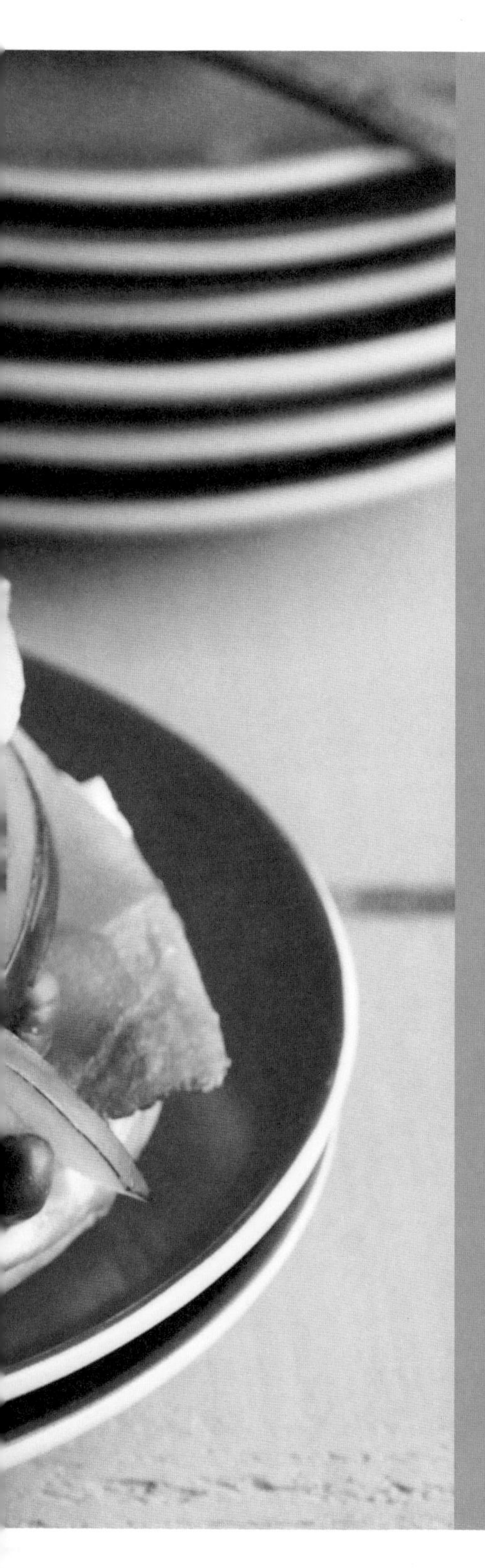

纽约熏三文鱼贝果三明治

Smoked Salmon Bagel Sandwich

我最喜欢的贝果是位于纽约的
Murray's Bagels，吃起来很有嚼劲，
还有许多
口味的起司奶油（cream cheese）供人选择。
最经典的吃法莫过于
原味起司奶油与熏三文鱼片的组合。
偶尔奢侈一下，搭配一杯香槟，
享受纽约人早午餐就要搭配酒精饮料的吃法。

材料

贝果……2 个

熏三文鱼片……4 片

红洋葱（切丝，泡冰水备用）……半颗

起司奶油（cream cheese）……4 大匙

酸豆（capers）……1 小匙

做法

将起司奶油抹在贝果上，铺上熏三文鱼片、洋葱丝及酸豆即可。

优格及自制香脆麦片

Yogurt and Homemade Granola

近来很流行自制优格，优格最好的朋友除了水果就是 granola 麦片。在纽约，许多餐厅的早餐也有供应这道菜，不过价格可是相当惊人，一份都要十几块美元。其实 granola 麦片很容易制作，在家就能选择自己喜欢的坚果做出好吃的麦片。

香脆麦片材料

燕麦片……1 杯（约 85g）
坚果……1/2 杯（这里使用腰果及榛果各半）
蜂蜜……2 大匙
橄榄油或融化无盐黄油……2 大匙
黑糖……1 大匙
香草精……1/2 小匙
果干（如蔓越莓干或葡萄干）……1/4 杯（选择性）

做法

1 预热烤箱至 170℃。

2 在碗中将所有材料（除了果干）拌匀，倒入烤盘上烤 25 分钟，中途拿出来搅拌一下。

3 如果要放果干，请在最后 5 分钟时再放入，不然口感会太硬。

4 烤好后放凉，可以装入密封瓶中保存一个星期。

5 食用时依个人喜好在优格上撒上麦片及水果。

西班牙腊肠及鹰嘴豆佐太阳蛋

Chorizo and Chickpeas with Fried Egg

炒西班牙辣肠及鹰嘴豆是西班牙常见的下酒小菜（Tapas）。
有天早上我一起床就特别想吃这道菜，所以加了一颗水波蛋让它看起来像早餐，
结果意外的好吃，半熟的蛋黄让辣肠的味道变得温和，配上法国面包很有饱腹感。
这里换成半熟的荷包蛋也很对味。

材料

洋葱……半颗（切碎）
橄榄油……1 大匙
西班牙腊肠（chorizo）……2 条（切小块）
鹰嘴豆罐头……1 罐（约 400g，将水沥干）
苹果醋……1 大匙
盐及黑胡椒……适量
巴西里（parsley）……1 小把（切碎）
蛋……2 颗

做法

1 热锅，加一大匙油，将洋葱炒软，约 5 分钟左右。

2 加入腊肠拌炒，再加入鹰嘴豆、苹果醋、盐及胡椒，最后放入巴西里，盛盘备用。

3 在另一不粘锅中，热锅加入一大匙油煎荷包蛋，将煎好的蛋放在炒好的腊肠上即完。

印度辣炒蛋

Egg Bhurji

在纽约工作时，有一段时间跟印度籍同事当室友，
她常常煮好吃的印度家常菜给我吃。有天早上她做炒蛋，
上面放了一大匙优格，我觉得很奇怪，吃了一口炒蛋，
哇，真是辣死我了，她放了好多带籽的碎辣椒在炒蛋里，
原来优格是用来缓和辣味的，虽辣但吃起来很过瘾。
如果怕辣的人，记得把辣椒籽去掉哦！

材料

洋葱……1 颗（切碎）
番茄……1 颗（切丁）
蛋……5 颗
酸奶油或无糖优格……4 大匙
无盐黄油……28g（或植物油 2 大匙）
姜黄粉（turmeric powder）……1/4 小匙
辣椒粉（chili powder）……1/2 小匙
辣椒……2~3 根（切碎）
孜然粉（cumin powder）……1/2 大匙
盐……适量
香菜叶……适量（选择性）

做法

1 在平底锅中热 2 大匙油，将切碎的洋葱、辣椒及番茄放入锅中拌炒。

2 同时，在一个大碗中将蛋打散，加入孜然粉、姜黄粉及辣椒粉。

3 将蛋汁倒入锅中，与蔬菜拌炒至全熟。

4 盛盘，以香菜叶及优格装饰食用。

注 1： 图中的盛器是将市售墨西哥饼皮（tortilla）压入抹点油的碗中，180℃烤约 5~8 分钟定型做成。

注 2： 炒蛋的时候，当蛋快熟时就关火，用余温将蛋煮熟就不会煮过头而使口感较干。

Fluffy Lemon Pancakes

美式松饼是我最喜欢的早餐，小时候西餐厅不普遍，到麦当劳吃松饼早餐是件很时髦的事情。现在的早午餐料理五花八门，松饼对我而言还是特别的。这个配方是将蛋白打发后再拌入面糊中，虽然多了一道手续，但成品口感蓬松轻盈，一定要试试。

材料

干料：

中筋或低筋面粉……1 杯

泡打粉……1 大匙

盐……1/2 小匙

湿料：

融化奶油或植物油……2 大匙

牛奶……1 杯

黄柠檬皮……1 颗

柠檬（榨汁备用）……半颗

蛋（蛋白、蛋黄分开）……1 颗

白砂糖……2 大匙

做法

1 将蛋白及砂糖放入一个干净的碗中，用打蛋器打发至干性发泡备用。

2 在一个大碗中将干料混合均匀，另一个碗中将湿料及蛋黄搅拌均匀。

3 将湿料倒入干料，用刮刀稍微搅拌，将打发的蛋白分两次轻轻地混入，有一些蛋白没有完全搅拌均匀没关系，将拌好的松饼糊静置 5 分钟。

4 预热不粘锅，并在锅面抹一点奶油，放约 1/4 杯的松饼糊，当表面起泡的时候翻面，另一面也煎上色后起锅。

烤马铃薯蛋佐培根沙拉

Twice Baked Potato with Egg and Bacon Salad

英式及美式早餐总会搭配马铃薯，常常吃早午餐都是吃马铃薯吃饱的。

这道料理是一个烤马铃薯皮的概念，将蛋填入烤好的马铃薯中，咬一口，整份早餐都在嘴里。

挖出多余的马铃薯可以留着做马铃薯泥或可乐饼。

烤马铃薯材料

大型马铃薯……1 颗
小洋葱……半颗（切末）
切达起司丝……1 杯
蛋……2 颗

做法（1~2 人份）

1. 马铃薯洗净，在表面用叉子叉几个洞，放入预热至 200℃的烤箱烤 40 分钟。
2. 烤好的马铃薯对切，挖出 2/3 的马铃薯肉。
3. 在一锅中，将洋葱末用油炒软，将炒好的洋葱末加入挖出的马铃薯泥中，加入起司丝拌匀。
4. 将马铃薯泥填回马铃薯中，用汤匙在中间向下压出一个洞，小心将生蛋打进去，如果蛋白太多可以舍弃一点。
5. 把马铃薯放回烤箱，烤约 10~12 分钟。

培根沙拉材料

培根……4 片
综合生菜叶……2 大把
第戎芥末酱（dijon mustard）……1/2 小匙
白砂糖……1 大匙
红酒醋（red wine vinegar）或苹果醋（apple vinegar）……2 大匙
盐及黑胡椒……适量

做法

1. 在平底锅中将培根干煎至脆，起锅切碎备用。
2. 把红酒醋、芥末酱、砂糖加入锅中与煎出的培根油稍微加热，搅拌均匀。
3. 将培根撒在洗净的生菜叶上，淋上培根沙拉酱即可。

PART 03

[下午茶时光]

意大利乡村苹果蛋糕

Italian Apple Cake

第一次跟先生去意大利玩，我们住在一个小镇的民宿里，老板娘每天早上都会做好几种口味的蛋糕给住客吃，我尤其喜欢苹果蛋糕，
后来发现几乎意大利每家每户都会做苹果蛋糕，
每个人都有一个“奶奶传下来的食谱”。
这是一款常温蛋糕，但是我国台湾比较潮湿，
建议尽快吃完或放冰箱保存。

材料（8 英寸一个）

苹果…… 3~4 颗（切片）
柠檬（皮及果汁）……1 颗
白砂糖……150g
蛋……3 颗
无盐黄油（融化）……80g
牛奶……1/2 杯
中筋面粉……150g
泡打粉（baking powder）……1 又 1/2 小匙
盐……1/2 小匙
松子……50g

做法

1 烤箱预热至 200℃，准备一个 8 英寸圆形蛋糕模。

2 苹果切片加入柠檬皮、柠檬汁拌匀备用。

3 用打蛋器高速将白砂糖及蛋打发至浓稠浅黄色，加入融化黄油与牛奶，打匀。

4 加入面粉、泡打粉及盐，用刮刀拌均匀。

5 最后拌入松子及 2/3 的苹果，倒入烤模，将剩下 1/3 的苹果铺在蛋糕糊上，送入烤箱烤 40~45 分钟，视烤模大小或至牙签插入中间最厚处，牙签是干净的即可。

法式奶油巧克力盆栽

Chocolate Pots de Crème

这个甜点送给跟我一样热爱浓郁巧克力的人。
做法不难，而且可以事先做好，或在漂亮的容器里，稍微装饰一下，
很适合在家请客用。最好选用品质高的巧克力及巧克力粉才能凸显简单食材的美味。

材料

鲜奶油……1/4 杯（60ml）
牛奶……1/2 杯（120ml）
蛋黄……2 颗
苦甜巧克力（可可含量至少 72% 以上）……50g
无糖巧克力粉……1 大匙
白砂糖……2 大匙
盐……1/4 小匙
巧克力饼干……数片
薄荷叶……2 枝

做法

1 在一个碗中将蛋黄、砂糖及盐搅拌均匀备用，在另一锅中将鲜奶油及牛奶加热接近沸腾后离火。

2 一边搅拌蛋黄，一边慢慢地加入热牛奶。

3 将蛋黄牛奶倒回锅中，用小火加热，搅拌至蛋黄牛奶变浓稠，大约 1~2 分钟后离火。

4 加入巧克力及巧克力粉，搅拌至巧克力完全融化。

5 将奶油巧克力酱过筛后分装至两个小玻璃杯中，放入冰箱冷藏至少 1 个小时。

6 上桌前将巧克力饼干压碎，撒在奶油巧克力上，插上薄荷叶即完成。

U.S.A.M.D.

榛果香蕉蛋糕

Banana Bread with Hazelnuts

几乎每一间咖啡店都有香蕉蛋糕，我喜欢传统有酸奶配方的美式香蕉蛋糕，
口感比较湿润，有着淡淡酸奶香气，如果买不到酸奶，可以用希腊优格代替。
隔夜的香蕉蛋糕可以切片烤一下，抹上奶油，别有一番风味。

材料（24cm 长形烤模）

无盐黄油……114g（室温）
白砂糖……140g
蛋……2 颗（室温）
中筋面粉……1 又 1/2（177g）
小苏打粉（baking soda）……1 小匙
无铝泡打粉（baking powder）……1/2 小匙
盐……1 小匙
熟透香蕉……3 根（压成泥）
酸奶油（sour cream）……1/2 杯
榛果……55g（切碎，烤过备用）

做法

1 将烤箱预热至 180℃，准备一个长形蛋糕模。

2 用打蛋器将黄油及砂糖搅拌成蓬松状。

3 放入蛋，一次一颗，打匀后再放下一颗。

4 加入香蕉泥及酸奶油，搅拌均匀。

5 将过筛好的面粉、苏打粉、盐倒入打好的黄油糊中，用刮刀拌匀。切记千万不要过度搅拌面糊，蛋糕口感会不好。

6 加入榛果，拌均后倒入烤模，放入烤箱烤约一个小时或插入牙签到蛋糕中，牙签是干净的为止。

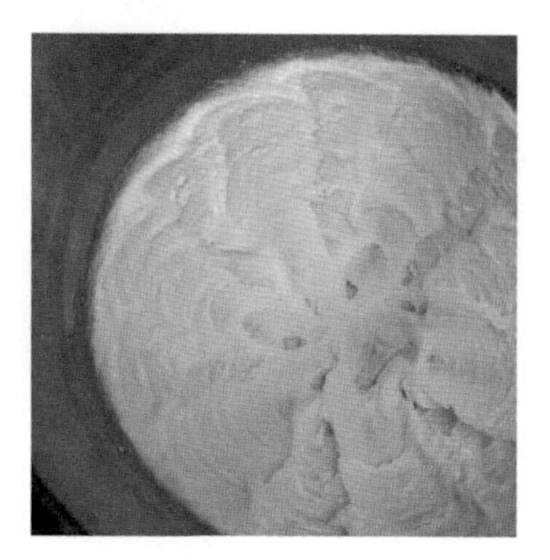

步骤 2 黄油及糖打松。

红茶奶酪

Black Tea Panna Cotta

奶酪（panna cotta）
是意大利文煮奶油的意思。
温热的鲜奶油加上吉利丁冷却凝固，
滑顺的口感成为一道很受欢迎的甜点。
红茶奶酪有淡淡的茶香，
也温润了鲜奶油的油腻，
吃起来有奶茶的感觉，
有时候我甚至拿红茶奶酪当早餐吃。

材料

牛奶……180ml
鲜奶油……1 又 1/4 杯（300ml）
红茶茶叶……1 大匙
白砂糖……2 大匙
吉利丁粉……1/2 大匙
冷开水……1 大匙

做法

1 将吉利丁粉撒在 1 大匙冷开水中备用。

2 将鲜奶油、牛奶及糖加热至糖融化，不要将鲜奶油煮至沸腾。熄火，加入红茶叶，静置半小时。

3 将软化的吉利丁倒入温鲜奶油中，搅拌均匀，确定吉利丁都融化后过筛再倒入模子容器中，放在冰箱至少 4 个小时让奶酪成型。

果酱塔

Jam Tarts

这个塔皮的配方
用低筋面粉并以蛋代替水，
做出的塔皮细致酥脆，
有剩余的塔皮可以烤成美味的小饼干。

材料（1.8 英寸小塔模，约 9~10 个）

低筋面粉……250g
冰无盐黄油（切小方块）……125g
白砂糖……110g
蛋……1 颗
蛋黄……1 颗
盐……1 小匙
果酱……1 又 1/2 杯（请尽量选用自制果酱或是品质好的果酱，风味较佳）

做法

1 烤箱预热至 200℃。

2 低筋面粉、糖及盐拌匀后加入冰的无盐黄油，用手指快速将黄油捏碎。

3 蛋及蛋黄打匀倒入面粉中，轻轻拌成面团，如果太干，可以加入少许冰水搅拌。

4 将面团分成两块，用保鲜膜包好放至冰箱静置至少半小时。

5 冰好的面团压入烤模中，加入适量的果酱后放入烤箱烤约 15~20 分钟即可。

咖喱鸡肉沙拉三明治

Curried Chicken Salad Tea Sandwich

正统三层下午茶的最下层是咸点及三明治，
这里的三明治特别被称为 tea sandwich，
用白面包夹入馅料，
切掉面包边并切成一口大小方便食用，
咖喱鸡肉沙拉是常见的 tea sandwich 口味之一。

材料

煮熟的去皮去骨鸡胸肉……2 片
芹菜根……1 根（切小丁）
蔓越莓干……1/4 杯
核桃或胡桃……1/4 杯（切小丁）
美乃滋……3 大匙
柠檬汁……半颗
咖喱粉……1/2 大匙
盐及黑胡椒……适量

做法

上述材料拌匀后，放入冰箱冷藏，可单独食用，也可搭配面包食用。

珍珠糖泡芙

Chouquette

在法国珍珠糖泡芙是称重卖的，装在纸袋里，
像我们的鸡蛋糕一样，可以边走边吃。
第一次吃到的时候觉得，
原来没有夹鲜奶油或是冰淇淋的泡芙也可以这么好吃。
珍珠糖耐高温，烤后不易融化，能够增加泡芙脆脆的口感。
隔夜的泡芙如果软掉可以回烤一下，
不过在我们家是不会有隔夜泡芙的。

材料

水……1/2 杯
无盐黄油……56g
糖……1 又 1/2 小匙
盐……1 小撮
中筋面粉……1/2 杯
蛋……2 颗
珍珠糖……适量

做法

1 预热烤箱 190℃。

2 将水、无盐黄油、糖及盐放入锅中加热至黄油融化，将面粉一次全部倒入锅中搅拌一分钟后离火。继续快速搅拌直到成为一个小面团。

3 换到一个较大碗中，稍微放凉后加入蛋，一次一颗。不断快速搅拌，直到面糊光滑柔软为止。

4 用汤匙舀 15 个小球到烤盘上，撒上珍珠糖，烤约 30 分钟或至表面金黄即完成。

开心果蔓越莓意大利脆饼

Biscotti with Pistachio and Cranberries

在意大利托斯卡纳地区许多餐厅的饭后甜点就是脆饼蘸甜酒，
原始配方是没有油脂的，吃起来比较干，
我偏好用黄油来制作脆饼，
黄油就是可以让几乎所有东西变得更好吃。

材料

开心果……65g
泡打粉……1 又 1/2 小匙
室温无盐黄油……114g
蛋（室温）……2 颗
中筋面粉……2 又 1/4 杯（280g）
盐……1/4 小匙
白砂糖……140g
蔓越莓干……50g

做法

1 烤箱预热至 180℃。

2 烘烤开心果，约 5~6 分钟取出备用，并将烤箱调至 170℃。

3 用打蛋器将黄油及砂糖搅拌成蓬松状。

4 放入蛋，一次一颗，打匀后再放下一颗。

5 加入过筛后的面粉、盐及泡打粉、开心果及蔓越莓用刮刀拌匀。

6 将面团整合成一条约 35cm×10cm 的长方形（如图），送入烤箱烤约 30 分钟。

7 烤好的面团放凉后斜切片约 1.5cm 厚，再送入烤箱烤约 15 分钟。

意大利脆饼成型。

起司司康饼

Cheddar Cheese Scone

下午茶也要顾虑男性同胞的口味，端出咸的下午茶点，另一半一定会很开心。
司康饼可以在前天做好面团，整形后放进冰箱，
隔天早上烤好，夹入培根及煎蛋也可以是丰盛的早餐。

材料（8个）

中筋面粉……2杯（250g）
泡打粉（baking powder）……1大匙
盐……1/2小匙
冰无盐黄油……85g（切块）
鲜奶油……180ml
切达起司（cheddar cheese）……140g（切碎）

做法

1 预热烤箱至200℃。

2 面粉、泡打粉及盐过筛至一个大碗中，混合均匀。

3 放入冰黄油块，用手指快速将黄油揉入面粉，至黄油块约豌豆大小。如果黄油开始融化，请将整个碗放入冰箱冰过。

4 将切达起司加入面粉中，混合均匀后在中间挖个洞，将鲜奶油全部倒入，用刮刀或叉子将面粉及鲜奶油，迅速混合成一有点湿润的面团。

5 拌好的面团倒在撒了一点面粉的工作台上，用手把面团整成一个圆形并稍微拍平，以对切模式切成8块，刷上鲜奶油，送入烤箱烤约16~20分钟，或待表面成金黄为止。

美式青柠檬派

Key Lime Pie

这是去美国念书时学到的第一个甜点，每个人要带一道菜去朋友家做客，我在美食杂志上翻到这个食谱，做法及食材都很简单，大家都很爱吃。

原文中的 key lime 是一种小小的柠檬，只有乒乓球大小，皮很薄，吃起来比一般柠檬甜，我觉得用中国台湾的柠檬做出来酸度够，更好吃。

材料（1 个 9 英寸派）

消化饼干……1 又 1/2 杯（约 12 片消化饼，压碎备用）
无盐黄油……50g（融化备用）
青柠檬汁……1/2~3/4 杯
炼乳……400g
蛋黄……2 颗
鲜奶油……选择性

做法

1 预热烤箱至 180℃，将融化的黄油倒入饼干碎中搅拌均匀，再将饼干压入派模中，放入烤箱烤约 5~8 分钟（迷你派），15~20 分钟（9 英寸派）。

2 内馅的部分，将柠檬汁、炼乳搅拌均匀，在加入蛋黄之前先尝味道，如果太酸，可以加一点砂糖，如果觉得不够酸，多加一点柠檬汁。味道调整好后再加入蛋黄。

3 将内馅倒入烤好的派皮中，送入烤箱烤约 10 分钟（迷你派），15 分钟（9 英寸派）。稍微放凉后，放入冰箱或冷冻库定型，要吃之前可以放上打发的鲜奶油。

PART 04

2+1大人小孩都爱的料理

意式蔬菜烘蛋

Frittata

烘蛋里可以放各种不同的食材，但我最喜欢节瓜及红椒的组合。
红配绿看起来赏心悦目，烤过的节瓜及红椒变得香甜多汁，
有客人来时我会用方形烤盘烤烘蛋，切成小方块做成派对小食。

材料（2~3 人份）

无盐黄油……15g
蛋……6 颗
小节瓜（切块）……1 根
小红甜椒（切块）……1 颗
全脂牛奶或鲜奶油……80ml
帕马森起司粉……30g
盐及黑胡椒……适量

做法

1. 预热烤箱至 180℃，准备一个 8 厘米 ×8 厘米的烤盘。
2. 切块的蔬菜用黄油炒半熟，保留蔬菜的脆度。
3. 蛋打匀，加入鲜奶油、蔬菜，2/3 份的起司粉，再用盐及黑胡椒调味。
4. 倒入烤盘中烤 20 分钟后即可取出。

白花椰菜起司通心粉

Macaroni and Cheese with Cauliflower Sauce

一般起司通心粉是用白酱来做，热量很高，
在煮白花椰菜浓汤时，我觉得浓稠的汤看起来很像白酱，
我试着加入起司再拌入面里，发现效果很好。
少了煮白酱的步骤，吃完也没有罪恶感，
小朋友也高兴地吃进蔬菜，真是意外的发现！

材料（2~3 人份）

通心粉……300g
白花椰菜……250g
全脂牛奶……120ml
切达起司（cheddar cheese）……120g
葛瑞尔起司（gruyere）……50g
盐及黑胡椒……适量
面包粉……选择性

做法

1 通心粉依照包装指示煮熟。

2 将白花椰菜煮或蒸熟、煮熟后放入果汁机，加入牛奶打匀。

3 将花椰菜泥放入锅中小火煮滚，加入起司搅拌使之融化。

4 最后加入通心粉，用盐及胡椒调味。

注： 可以将煮好的通心粉放入烤皿中，撒上面包粉，放入预热至 200℃的烤箱烤 10~15 分钟，或至表面金黄。

波特菇迷你比萨

Portobello Mushroom Pizza

大波特菇的口感吃起来像肉，在国外常用来做成素汉堡。
我用波特菇取代比萨饼皮，除了用红酱当底外，
你也可以改用青酱，制作符合自己口味的比萨。

材料（4个）

波特菇……4个

意大利腊肠……数片

意大利番茄酱……1杯

马自拉起司……2杯

罗勒叶……1/2杯

做法

1 烤箱预热至200℃。

2 将波特菇表面擦干净，拔掉蒂头，表面刷一点橄榄油后，送进烤箱烤10分钟。

3 在烤好的波特菇里填入番茄酱，撒上起司，摆上腊肠片，放入烤箱烤15分钟或等起司融化即可，最后放上罗勒叶装饰。

注：我国台湾很难买到迷你腊肠片，图中的腊肠是用小尺寸的圆型饼干模压成。

南瓜炖米形面

Pumpkin Orzo

南瓜泥甜甜的，小婴儿很喜欢，是最受欢迎的副食品。
我将南瓜炖饭的米换成米形面，煮的时间缩短一半，口感一样浓郁。
如果刚好有马斯卡彭起司（mascarpone），可以在起锅前放一大匙，增加滑顺感。
家里有小婴儿的话，南瓜泥一次可以多做一些，大人吃面，小孩的副食品也一并做好了。

材料

小南瓜……半颗（切丁）
橄榄油……1 大匙
红葱头……4 瓣（切碎）
米形面（orzo）……200g
蔬菜高汤……2~3 杯
帕马森起司……适量

做法

1 预热烤箱至 200℃，将切丁的南瓜放在烤盘上淋一点橄榄油，并在烤盘里放一点水，将南瓜送入烤箱烤 30 分钟或至南瓜烤熟变软。

2 将一半的南瓜加上 3 杯高汤用果汁机打成泥。

3 在锅中加入一大匙橄榄油及切碎的红葱头。将红葱头炒软约 5 分钟。

4 加入米形面及南瓜泥，用中小火煮至米形面煮熟，记得不时搅拌，如果太干可以再加入一些蔬菜汤。

5 拌入一些烤好的南瓜丁及帕马森起司，趁热食用。

苹果起司三明治

Grilled Cheese Sandwich with Apples

起司三明治是美国人从小到大的
疗愈食物（comfort food），
小朋友放学回家妈妈就会做份起司三明治，
在中国台湾，会爆浆的起司三明治
近年来也是相当热门，
很少人可以抵挡爆浆的吸引力。
其实在家就可以制作符合自己口味的起司三明治，
只要掌握三个原则：
要下锅煎的那两面吐司要涂上黄油；
用融化后延展性好的优质起司；
火要小，以免吐司焦了，起司还没融化。

材料（1份）

全麦吐司……2片
苹果……1颗（切片）
切达起司……4片
无盐黄油……适量

做法

1 将两片吐司其中一面涂上黄油。

2 在没有涂黄油的吐司上放上起司片及苹果片，再盖上另一片吐司，有黄油的朝外。

3 在平底锅中用中小火将吐司两片煎至金黄，起司融化即可。

绿花菜浓汤

Cream of Broccoli Soup

一开始规划食谱的时候并没有放这道汤，
当我儿子 4 个多月开始吃副食品时，
有天喂他喝没加盐的花椰菜浓汤，
他也很开心地把汤喝完了。
既然已经通过挑嘴婴儿的测试，
那就一定要写进书里。

材料（约 3 人份）

橄榄油……2 大匙
洋葱……1 小颗（切碎）
绿花菜……400g
马铃薯……2 小颗（切块）
水或高汤……4 杯
全脂牛奶……60ml
盐及黑胡椒……适量

做法

1 在汤锅中热油，倒入洋葱拌炒至软，加入马铃薯及高汤煮约 15 分钟至马铃薯变软。

2 加入绿花菜煮 5 分钟。

3 放入果汁机中打成泥状。

4 倒回汤锅中，加入牛奶并用盐及黑胡椒调味，煮沸即可。

香酥鸡肉派

Chicken Pot Pie

我的妈妈厨艺很好，除了家常菜，我国台湾小吃或是西式甜点蛋糕都难不倒她。
小时候妈妈做过几次鸡肉派，我跟弟弟常常一人一半把整个派吃完，
后来因为很久没吃到也就忘了。直到去美国有天在餐厅吃到，
突然唤起我的记忆，原来鸡肉派对我来说是妈妈的味道了。

材料（1 个 9 英寸派）

无盐黄油……76g

洋葱……半颗（切丁）

中筋面粉……40g

鸡汤……2 杯

牛奶……1/2 杯

煮好的鸡肉……2 杯（切小块）

胡萝卜……1 杯（切小块）

豌豆……1 杯

盐及胡椒……适量

做法

1 烤箱预热至 210℃，将派皮擀成 2 片 9 英寸圆形，一片放在派盘上。

2 取一个炒锅，加热黄油至融化后将洋葱放入炒软。加入面粉，搅拌至面粉看不见为止，再加入鸡汤及牛奶，慢慢搅拌至浓稠，加入鸡肉及蔬菜，最后用盐及胡椒调味。

3 将馅料放入准备好的派盘中，将另一片派皮盖上封口，并在表面划几刀，让蒸气在烤的时候可以释放出来。

4 将派放入预热至 210℃的烤箱中烤约 30~40 分钟，直到表面金黄，将派放凉 15~20 分钟后再食用。

扁豆蔬菜汤

Lentil Minestrone Soup

这是基本的意大利蔬菜汤底加上扁豆。扁豆是我近年喜好的食材之一，
它有丰富的膳食纤维及蛋白质，添加在沙拉或汤里可以增加饱足感。
虽是豆类，但是不需浸泡，直接烹调，很方便。

材料（3~4 人份）

中型洋葱……1 颗（切碎）
中型红萝卜……1 根（切小块）
芹菜……2~3 根（切小块）
整颗番茄罐头……400g
水或高汤……600ml
扁豆……150g
盐及黑胡椒……适量

做法

1 在汤锅中热 2 大匙油炒软洋葱，约 5 分钟。

2 加入红萝卜及芹菜，拌炒至蔬菜变软，约 10 分钟。

3 加入番茄罐头、高汤煮 15 分钟。

4 最后加入扁豆焖煮 20 分钟后用盐及黑胡椒调味即可（依个人喜好可以多加点水或高汤）。

注： 去盐打成泥，也是一道很营养的婴儿副食品。

蘑菇菠菜墨西哥烤饼

Mushroom and Spinach Quesadilla

墨西哥菜很有趣，同一个墨西哥饼皮，不同包法就有不同的名字。
将馅料卷起来如春卷的叫 burrito 卷饼；将肉及蔬菜炒过放在铁盘上，
搭配饼皮叫法士达（fajita）；馅料直接放在饼皮上折起来吃的叫塔可（taco）；
而将馅料放在饼皮上对折烤过后叫烤饼（quesadilla），
另外还有卷起馅料后淋上辣椒酱汁的 enchilada，每一种都有独特的风味。
烤饼有酥脆的外皮加上爆浆的起司，是我最常做的墨西哥菜。

材料（2 份烤饼）

橄榄油……2 大匙
大蒜……1 瓣
蘑菇……190g
菠菜叶……200g
盐及胡椒……适量
墨西哥综合起司丝……200g
8 或 10 英寸墨西哥饼皮……4 片

蘸酱材料

美乃滋……1/2 杯
chipotle 辣椒……2 根
柠檬汁……1 大匙

蘸酱做法

将材料全部放进调理机或果汁机打均匀即可。

做法

1 菠菜叶烫熟，将水沥干。

2 预热烤箱至 200℃。

3 热油，加入大蒜及蘑菇，将蘑菇炒软后，加入菠菜叶，稍微拌炒，用盐及黑胡椒调味，盛盘备用。

4 在铺有烤盘纸的烤盘上放上两片饼皮，每片依序放上起司丝、炒好的蘑菇菠菜，再上放起司丝，盖上饼皮，轻压后放入烤箱，烤约 10 分钟，稍微放凉后再分切。

注： 烤饼也可用不粘锅在炉上用中小火煎至表面上色，起司融化。

金枪鱼白豆意大利面沙拉

Tuna and Cannellini Bean Pasta Salad

这是一道简单又快速的料理，在夏天热到不想做饭时，我常会煮这道面。
请尽量选用橄榄油、油渍金枪鱼罐头，才能凸显这道菜的美味。

材料（约 2~3 人份）

油渍金枪鱼罐头……1 罐
意大利面……250g
白豆罐头（cannellini bean）……1 罐（约 200g，沥水）
黄柠檬汁……半颗
盐及黑胡椒……适量
新鲜巴西里（parsley）……1/4 杯（切碎）
小番茄……1 杯（对切）
初榨橄榄油……适量

做法

1 将意大利面依包装指示煮熟，煮好后稍微放凉。

2 将所有的材料放入一个大碗中拌匀，最后淋上一点橄榄油即可。

PART 05

我是善用食材的料理好手

（食材保鲜小技巧）

肉类

肉类无论是生的或是烹调过的都是最适合冷冻储存的食材。

新鲜的肉最好是能尽早烹调，如果买的分量比较多，回家就立刻分小包装冷冻以保持新鲜度。除了直接冷冻生肉外，为了下班可以快速煮晚餐，我会先把绞肉调味做成肉丸、肉饼或汉堡排冷冻。另外，鸡肉及猪肉等也可以放在保鲜袋里，加入自己喜欢的腌料，例如姜泥、酱油、味淋或是蜂蜜芥末酱料等，封好冷冻，前一天或上班出门前放冷藏解冻，回家就可以直接烹调。在周末花一点时间制作，这样使我在有小孩后下班还是可以做出快速丰盛的晚餐。

煮好的肉放冷藏肉质大多会变干，不过炖肉类的料理可以冷藏 2~3 天，其实隔夜的炖肉料理更入味，比较好吃。炖肉料理也适合冷冻保存，大约可以放一个月。对于其他煮好的肉，对抗冷藏后口感不好的方法就是，做成其他的料理，我的两种方法：其一，将肉切小块做成派馅；其二，做成需要重口味调味的料理。以下两道食谱就属于后者。

材料 （2 人份）

汉堡面包……2 个

剩余煮熟的肉……约 180g（切丝）

市售美式烤肉酱……适量

高丽菜丝……2 杯

胡萝卜丝……1/2 杯

美乃滋……3 大匙

酸奶油或无糖优格……1 大匙

醋或柠檬汁……1 小匙

砂糖……1 小匙

盐……适量

做法

1 预热烤箱至 190℃，将肉依个人口味拌入适量的烤肉酱后，烤 20 分钟。

2 美乃滋、酸奶油或无糖优格、醋、糖及盐混合均匀，拌入高丽菜丝及胡萝卜丝。

3 在两个汉堡面包上各放入一半的肉丝，再放上高丽菜沙拉即可。

BBQ 肉丝三明治

Pulled Meat Sandwich

手撕肉是美国南方的代表美食，肉用香料腌过后，低温慢烤十几个小时，用手轻轻一撕就分离，这也是这道菜的特色之一，所以叫手撕肉（Pulled Meat）。这里我们抄捷径，将煮熟剩余的肉拌入烤肉酱烤过，搭配清爽的高丽菜沙拉，享受南方风情。

炖辣肉酱

Bean Chili

辣肉酱是美国的国民美食，每个地区、每家都有自己的食谱配方，
每年都还会举行辣肉酱比赛。就像咖喱一样，除了辣椒粉是必备之外，
其他材料都可以自己搭配，有些人甚至会加入巧克力，让酱汁更为深沉浓厚。
辣肉酱最普遍的吃法是加上酸奶油（sour cream）、切达起司丝及切碎的生洋葱或葱花。
可以另外搭配玉米面包、墨西哥饼皮或是拌面。
我们家最喜欢的吃法是配上一大杯吉尼斯（Guinness）黑啤酒。

材料（2 人份）

剩余煮熟的肉……约 2 杯（切丁）
洋葱……半颗（切碎）
甜椒……1 颗（切丁）
浓缩番茄酱（tomato paste）……1 大匙
番茄酱（tomato sauce）……200ml
辣椒粉（chili powder）……2 大匙
孜然粉（cumin powder）……1 小匙
豌豆……400g
盐及黑胡椒……适量

做法

1. 在热锅中加入 2 大匙油，倒入洋葱拌炒约 5 分钟。
2. 加入浓缩番茄酱、肉、红椒、辣椒粉及孜然粉炒香，约 1 分钟。
3. 再加入番茄酱及豆子，煮滚后转小火炖 30 分钟。

蔬菜水果及香料类

叶菜类的蔬菜最不易保存，用厨房餐巾纸沾湿拧干后包裹叶菜类蔬菜，可以延长在冰箱的保存期限。烹调过后的叶菜类蔬菜不宜重复加热，所以最好当餐能吃完。

尽可能不要选购预切好的蔬菜，这些蔬菜都容易坏掉，或者你也不确定他有没有加化学药剂来延长保存期限。冷冻蔬菜其实品质不差，而且营养价值几乎跟新鲜蔬菜一样。由于我要做自己一人份的午餐便当，所以食材常常都只用一半，适合冷冻的甜椒、洋葱、花椰菜、豌豆荚等，洗干净切好可以放入保鲜袋冷藏或冷冻，有时间就顺手切一些肉片或肉丝，再加入喜欢的调味腌料，晚上回家直接倒入锅中快炒，就是一道简单但营养丰富的配菜。

如果要将自己买的新鲜蔬菜做成冷冻保存，只要将蔬菜洗好、切好后，汆烫 2~3 分钟，然后泡冰水再擦干，放入保鲜袋中冷冻就完成。另外一个保存蔬菜的方法是烤蔬菜，适合烤箱烤的蔬菜有洋葱、花椰菜、茄子、番茄、南瓜、节瓜、胡萝卜、甜椒、马铃薯等。请参考“烤蔬菜藜麦沙拉”（p.107）的烤蔬菜方法，除了搭配沙拉外，也可以跟高汤放入果汁机中打成蔬菜浓汤、做成三明治或是泡橄榄油加一些香草做成冷盘小菜。新鲜香草需要冷藏，我试过许多方法，最有效延长在冰箱里寿命的方式就是：将新鲜香草连根一起插在水瓶里，再套上塑胶袋，可以从原本的两三天延长至一个星期甚至两个星期。

已经熟成的水果要保存就是放冷藏。以我最常买的几种水果为例，香蕉尤其是夏天熟成得非常快，其实香蕉是可以冷藏的，虽然外皮会变黑，但是果肉是好的。熟透的香蕉最适合做香蕉蛋糕。另外，香蕉去皮后可以冷冻，打果汁或做冰淇淋，也可以蘸融化的巧克力，撒上碎核果后冷冻成冰棒。

苹果咸、甜点都用得到，有时候不小心买太多，我会切块用电锅蒸过后打成泥。苹果泥可以代替制作马芬小蛋糕（muffin）中的油脂，做成湿润又无油的健康点心。

柑橘类水果是家里必备的水果，尤其是柠檬，但是柠檬在冰箱里放久了皮会变皱变干，有时候表面会因水气而发霉。实验过后发现，柠檬一定要放在塑胶袋里，再放一张餐巾纸吸水气，包好之后放一个月都不会坏。最后是莓果类，在挑选购买的时候一定要透过透明盒看有没有烂掉、软掉或发霉的，因为一颗发霉，很快就会影响其他的莓果。回家后也要打开再检查一次，并尽快趁新鲜吃完，在食用之前才清洗。如果量太多但是会在一两天用完，冷藏时也是要用餐巾纸吸收水气。如果要冷冻，先仔细清洗干净，用餐巾纸拍干，平铺在烤盘上冷冻，等结冻后再装进保鲜袋保存。

美式中菜快炒

Vegetable Stir-fry with Tofu

美国有许多中式餐馆，卖的是“美式中国菜”（American Chinese Food）。
大部分都是过油的牛肉、鸡肉，搭配花椰菜、青椒、豆芽菜或是青江菜，
加入许多酱料快炒而成。吃起来的特点就是酸甜或咸甜，基本上是糖及味精的味道。
近年美国吃素的人越来越多，许多菜就会用豆腐取代肉类。

材料（2 人份）

植物油……2 大匙
油豆腐……1 盒（切片或切块，约 190g）
综合蔬菜（洋葱，甜椒，绿花椰菜，胡萝卜）……1 包（约 3 大杯）
大蒜……2 瓣（切碎）
酱油……1 大匙
姜泥……1 大匙
麻油……1/2 小匙
糖……1/2 大匙
五香粉……1/2 小匙
盐……适量

做法

1 将所有调味料在小碗中搅拌均匀。

2 热锅，加入 2 大汤匙油，炒洋葱、甜椒及胡萝卜，直到胡萝卜炒熟，再加入花椰菜。加点水或鸡高汤，盖锅将花椰菜焖熟。

3 加入油豆腐及酱料，拌炒均匀即可。

烤蔬菜藜麦沙拉

Roasted Vegetables with Quinoa Salad

藜麦（quinoa）的营养价值很高，在欧美被称为超级食物，烹调也很容易。
一份藜麦加两份水，用电锅蒸熟即可。
藜麦本身并没有味道，所以很适合搭配各种不同食材。
烤蔬菜藜麦沙拉可以吃温热的也可以吃冰过的，做好后建议放置半小时，
让所有食材入味，吃起来更好吃。

藜麦沙拉材料（4 人份）

藜麦（quinoa）……1/2 杯
罗勒叶……1/4 杯
意大利酒醋（balsamic vinegar）……2 大匙
初榨橄榄油……3 大匙
盐及胡椒……适量

做法

1 藜麦洗净，加一杯水用电锅蒸熟。

2 煮好的藜麦拌入烤蔬菜中，酒醋及橄榄油加适量的盐及胡椒，调和均匀再加上罗勒叶就完成了。

综合烤蔬菜材料

洋葱……半颗（切块）
地瓜……1 条（切小块）
甜椒……1 颗（切块）
小番茄……1 杯
橄榄油……适量
盐及黑胡椒……适量

做法

预热烤箱至 200℃，将蔬菜放在烤盘上，淋上橄榄油，烤 40 分钟（小番茄只需烤 20 分钟，可在其他蔬菜烤一半后再放入），再用盐及胡椒调味。

姜汁汽水

Homemade Ginger Ale

常常买姜的时候要买一大块，
但是又用不到那么多，
摆着摆着就干掉或是发霉了。
我妈妈是教我把姜洗干净，
切片放在冷冻库，要用的时候很方便。
冬天可以煮姜汤消耗过多的姜，
夏天不妨试试这个清凉的姜汁汽水。
自己做汽水天然又好喝，
煮一大罐糖浆放冰箱，随时都可享用。

材料

姜片……1 杯
糖……1 杯
水……2 杯
气泡矿泉水或无糖苏打水（club soda）……适量
新鲜柠檬汁……适量

做法

1 姜片、糖及水煮滚后小火煮 15 分钟，熄火，放凉后过筛，装入干净的瓶子。放在冰箱可以存放两星期。

2 要喝的时候用一份姜汁糖浆兑 2~3 份的气泡矿泉水或苏打水、一点柠檬汁及冰块混合均匀即可。

青酱

Pesto

青酱（Pesto）
在意大利原文是捣碎的意思，
除了常见的罗勒青酱外，
也可以用其他的香草来制作。
我的青酱配方没有太多的橄榄油，
因为除了拌意大利面外，
也可以搭配炖饭、
三明治的抹酱或烤肉的腌料 / 蘸酱。
橄榄油调配的浓稠度，
视搭配的料理自行增加。

材料（约 1 杯）

新鲜香料，例如罗勒（basil）、香菜、巴西里（parsley）等……140g（约 2~3 杯）
大蒜……2 小瓣
松子或核桃……1/2 杯（烤过）
橄榄油……5 大匙
帕马森起司粉（parmigiano-reggiano）……1/3 杯
盐及黑胡椒……适量

做法

1 将香料叶、大蒜及核果倒入食物调理机中打碎，加入橄榄油，打均匀。

2 倒入碗中加入起司粉及适量盐，拌匀即可。

烤水果奶酥

Seasonal Fruit Crumble

水果奶酥最适合消耗大量熟透的水果，尤其是梅果类、梨、苹果、桃子。这种家常的甜点，做法简单，最难的部分大概就是等待的时间，配上一个冰淇淋球，这道甜点真让人满足。

材料（1~2 人份）

水果（例如草莓、苹果、西洋梨、加州桃李）……约 2 大杯（切块）
柠檬汁……1/4 颗至半颗（依水果甜度斟酌使用）
砂糖……2 大匙
盐……1/4 小匙
中筋面粉……1/4 杯
燕麦片……1/4 杯
杏仁片……1/4 杯
黑糖……1/3 杯
砂糖……1 大匙
肉桂粉……少许（选择性）
冰的无盐黄油……65g（切块）

做法

1 预热烤箱至 180℃。

2 将水果加入柠檬汁、砂糖及盐搅拌均匀放入烤皿中。

3 将剩下的材料放入大碗中，用指尖快速将冰的黄油揉进食材里，你会有大小不一的黄油面粉块。

4 将混料铺在水果上，放入烤箱烤约 45 分钟，趁热食用。

无酒精莫吉托

Virgin Mojito

莫吉托（Mojito）鸡尾酒是用朗姆酒、薄荷、柠檬、砂糖及苏打水调制而成，喝起来清凉爽口。怀孕期间不能喝酒，我还是想办法为自己调了一杯清凉的饮料，喝起来不输有酒精版本。

材料（1 杯）

罗勒叶……6 大片
薄荷叶……10 片
市售柠檬汽水……300ml
碎冰块

做法

将香草叶用手撕碎放入杯中，加入碎冰及柠檬汽水即可。

香蕉花生酱冰淇淋

Two Ingredients Ice Cream

这是网上流传的“单一材料冰淇淋”，香蕉真的是个很神奇的水果，
冷冻搅拌后吃起来真的有冰淇淋滑顺浓郁的口感。除了花生酱，
还可以加入巧克力酱、蜂蜜、椰奶等，不需要冰淇淋机就可以做出好吃的冰淇淋。

材料

中型香蕉……2根（切片，冷冻）
花生酱……1又1/2大匙

做法

1 将冷冻香蕉片放入食物调理机中搅拌，香蕉会慢慢被打成泥状，需要的话可以加一点牛奶帮助搅打。

2 加入花生酱搅拌均匀，如果冰淇淋太软，放入冷冻库凝固后再食用。

乳制品

乳制品开封后都不太容易保存，除非要大量使用，不然请尽量选购小包装的。大部分的乳制品都只能冷藏，最好是能放在冰箱深处，无盐黄油则可以冷冻，我会将黄油称好重量，切小块后冷冻，在做派皮的时候无须解冻直接使用，冰凉的黄油是使派皮酥脆的关键。块状及片状的起司开封后可以用烘焙纸包好，再用铝箔纸或保鲜膜密封起来。烘焙纸可以吸一些水气，让起司比较不容易发霉，如果纸潮湿了就要换新的。所有的奶制品都很容易吸冰箱里各种的味道而走味，所以一定要密封好。

优格、酸奶油、马斯卡彭起司（mascarpone）及瑞可达起司（ricotta cheese）这类软质奶制品开封后都很容易发霉，使用时确保汤匙是干净干燥的，可以延缓细菌滋生。这些产品不只用在甜点中，像是优格可以做成腌料，加些咖喱粉或是柠檬汁及干燥奥勒冈（oregano）腌鸡肉，就可以分别做出印度风味或希腊风味烤鸡。优格可以让肉质保持鲜嫩多汁，酸奶油可以调味做成各式美味的蘸酱或沙拉酱。马斯卡彭起司是让炖饭更浓郁的秘密，也可以取代鲜奶油放在南瓜汤或磨菇浓汤里。瑞可达起司可以当面包抹酱，搭配咸香的火腿或淋上蜂蜜配水果都很可口。

开封后的鲜奶油我会换装到热水消毒过的玻璃瓶中，通常放冰箱还可以放5天。装在玻璃瓶中的用意是可以知道鲜奶油有没有变质，以免倒出来用的时候才发现有结块或是发霉。

自制黄油

Homemade Butter

最快把多余的鲜奶油用完的方法
就是制作黄油。自制黄油非常简单，
不需要特别的器具，
还可以顺便锻炼手臂肌肉，
或是消耗家里精力旺盛小孩的体力。
做好的黄油可以拌入香料或烤大蒜泥，
切一块放在刚煎好的牛排上增添风味。

材料

有盖的干净玻璃罐……1 个
可饮用的冰水……1 大碗
用剩的鲜奶油（Whipped Cream / Heavy Cream）

做法

1 在玻璃罐中装入一半的鲜奶油，将盖子盖紧，开始摇罐子。视个人的力道，大约两三分钟后渐渐听不到水摇动的声音，你已经制作了可涂抹的鲜奶油（如上图）。再持续摇约 5 分钟，鲜奶油会分离成黄油块及白脱牛奶（buttermilk）。

2 将黄油块放入冰水中，轻轻搓揉将多余的白脱牛奶洗掉。

3 做好的黄油用烘焙纸包好，放入冰箱冷却成型。

注 1： 自制的黄油不耐放，请在 3 天内用完。

注 2： 市面上鲜奶油分动物性及植物性两种，植物性鲜奶油为人造鲜奶油，主要成分为棕榈油及其他人工香料，请选择动物性鲜奶油。

免烤起司蛋糕

No Bake Cheesecake

这个食谱是我不想浪费剩下的奶油起司及酸奶油绞尽脑汁想出来的。
没有加蛋烘烤的起司蛋糕，口感介于慕斯及冰淇淋之间，可以任意搭配新鲜水果或果酱，
夏天不想开瓦斯炉又想吃甜点时就可以来做这道甜点。

材料

奶油起司（cream cheese）……150g（室温）
酸奶油（sour cream）……50g（室温）
砂糖……2 大匙
香草精……1/2 大匙
吉利丁粉……1 小匙
消化饼干……2 片
新鲜水果……适量

做法

1 将消化饼干压碎填入 2 个迷你玻璃杯中。

2 将奶油起司、酸奶、糖及香草精搅拌均匀。

3 用一大匙热水将吉利丁粉融化，加入奶油起司中混合均匀。

4 倒入玻璃杯中，放置于冰箱中至少 4 个小时使之凝固。

面包

大部分的面包都适合冷冻保存后再用180℃的温度回烤，口感都能保持。

面包布丁

Bread Pudding

面包布丁用隔夜的吐司、
长棍面包或可颂都可以，
但是如果要做更美味的面包布丁，
就要用以大量奶油及蛋
制作成的布里欧许面包。
面包布丁的材料可以在前一天晚上准备好，隔天早上直接从冰箱放入烤箱，
轻松享用早餐。

材料（1~2 人份）

隔夜面包……约 5 杯（切 2cm×2cm 小块）
蛋……2 颗
牛奶……2 杯
香草精……1 大匙
砂糖……1/4 杯
盐……1/4 小匙
橙酒或朗姆酒……2 大匙（选择性）
无盐黄油……40g（切小块）

做法

1 在一个大碗中放入面包丁，另一个碗中将蛋、牛奶、香草精、糖及盐（如果要放酒一起加进去）混合均匀后，倒入面包丁里，让面包丁吸蛋液，静置 30 分钟，或盖好，放冰箱一晚。

2 预热烤箱至 180℃，将面包丁铺在刷上黄油的烤盘中，将切小块的黄油撒在表面，放入烤箱烤约 30~40 分钟，取出静置 10 分钟后，趁温热食用。

面包丁

Croutons

面包丁可以加在沙拉或浓汤里，
直接当零食吃也不错喔！

材料

面包……切丁
橄榄油……适量

做法

1 预热烤箱至 180℃。

2 将面包丁铺在烤盘上，淋上适量的橄榄油，可以撒上大蒜粉或是干燥香料增添风味，送入烤箱烤约 10~15 分钟。

PART 06

食材&调味料的选择与采购

这里介绍的是我自己的常备基础食材，再搭配新鲜材料，家里随时都可以端出异国料理！

油、醋及调味料

橄榄油

市面上有许多橄榄油，不同地区的橄榄油因气候及橄榄品种有着不同的风味。基本上橄榄油有两大类：初榨橄榄油（Extra virgin olive oil）及纯橄榄油。初榨橄榄油是第一道榨取出的油，通常价位较高，因为不耐高温所以适合凉拌使用。因为温度会破坏橄榄油的味道，所以一般中低温烹调可以选择纯橄榄油。对我而言，好的初榨橄榄油不是看价钱，最重要是喜不喜欢那个味道，有些味道带辛辣，有些温润，有些有果香，可以每次购买时都尝试不同品牌及产地的油，慢慢找到自己喜欢的味道。

植物油

除了初榨橄榄油，家里需要另一瓶无明显特殊香味又耐高温的油，例如牛油果油或葡萄籽油。这种油中西菜都适用，除了烹调外，也可以用来调制酒醋沙拉酱。

美乃滋（Mayonnaise）

虽然自制的美乃滋最好吃，但是真的不常有时间可以自己做。购买的时候请看成分表，选购添加物少成分单纯的美乃滋，各家美乃滋的酸甜度不同，如果要做道地的美式蛋沙拉或马铃薯沙拉，选美国进口的美乃滋就对了。

番茄酱（Ketchup）

这里分享一个小食谱。1 份番茄酱加上 2 份美乃滋及 2~3 小匙的醋，尝起来像千岛沙拉酱，这是从美国犹他州发迹的 fry sauce，在许多餐厅会用来蘸薯条或是当作汉堡的抹酱。

辣酱（Hot Sauce）

这里的辣酱是指美国或墨西哥进口辣酱，搭配墨西哥菜有提味的效果，另外也可以作为肉类的腌料。

美式烤肉酱（BBQ Sauce）

我国台湾现在有从美国进口许多烤肉酱，不需要什么技巧，只要有烤肉酱再买鸡肉或猪肋排，在家就可以享用 BBQ 烤鸡或美式烤猪肋排。

香料及香草

黑胡椒（Black Pepper）

不用说，几乎所有的西式料理都有黑胡椒，为确保黑胡椒发挥提味的作用，最好是选购整粒胡椒及研磨罐，要用的时候再磨。

孜然粉又称小茴香粉（Cumin Powder）

闻到这香气强烈的香料，令人马上想到印度或中东菜，这也是墨西哥菜中不可或缺的香料之一。通常搭配肉类料理，下回烤肉的时候不妨加一点，增添风味。

辣椒粉（Chili powder）

这里的辣椒粉不是我们常见的红色辣椒，而是由几种不同品种的辣椒及其他香料混合成的综合香料粉，没有辣味但是带有烟熏的味道。有些牌子会写墨西哥香料粉。这是炖辣肉酱（chili）及许多墨西哥菜的必备香料。

肉桂粉（Ground Cinnamon）

对于喜爱烘焙的人是常用的香料，无论是肉桂卷、苹果派、南瓜派等都有它的踪迹。

咖喱粉（Curry Powder）

一点点咖喱粉就可以让你的料理有全新的风味，清炒白花椰菜吃腻了，加一点咖喱粉及一点香菜叶就是一盘新菜。本书里的扁豆蔬菜汤也适合加咖喱粉，其他参考料理，例如，蛋沙拉、马铃薯沙拉、胡萝卜浓汤等。

姜黄粉（Turmeric）

最近姜黄粉被证实有抑制癌细胞及防失智的功效，所以成为我家厨房必备的香料。除了煮咖喱外，也可以用它取代番红花用在西班牙海鲜饭中，虽然香气不同，但也别有一番风味。

奥勒冈（Oregano）

干燥奥勒冈香气很浓，在希腊菜及美式意大利菜中是重要的香草。在自制意大利番茄酱里加一点奥勒冈，就可以让它变身为美式比萨酱。

百里香（Thyme）

带有木质香气的百里香跟几乎所有的肉类料理都很搭，我个人比较喜欢新鲜百里香的香气，可以与罗勒及巴西里一起购买盆栽回来种，随时都有新鲜香草使用。

罗勒（Basil）

常常有人用九层塔代替罗勒，但是两者的味道真的有些不同。台式及泰式料理就是要用九层塔才够味，意大利菜则是要用比较甜、带点甘草味的罗勒来衬托简单调味的料理。干燥的罗勒香气真的比较不足，最好是能买新鲜的来使用。

巴西里（Parsley）

这应该是我最喜欢的香草，巴西里一般看到的有两种，一种卷叶的，一种平叶的。平叶的有独特的青草香气，最适合搭配海鲜料理，但基本上几乎所有的意大利菜都适合。我也喜欢用巴西里做成青酱，搭配烤羊排或烤牛排很好吃。

香草精 / 香草荚（Vanilla Extract / Vanilla Bean）

香草是烘焙必备材料，用香草荚做成的香草冰淇淋、香草奶酪或是焦糖布丁真的不是用人工香精可以取代的，一吃就回不去了。品质好的香草精是用酒精将香草荚的香味萃取出来的，选购的时候请看成分标示。

罐装及瓶装食品

金枪鱼罐头

一般市面上有水煮金枪鱼、沙拉油金枪鱼及橄榄油金枪鱼罐头，如果是做美乃滋金枪鱼沙拉，我会选用水煮金枪鱼比较不油腻，其他料理我都用橄榄油金枪鱼。另外，有一些金枪鱼罐头是碎肉的形式，没有口感，需要多方比较，选择真正是肉片的罐头。

豆子罐头

如果有时间，我会买干燥的豆子回来泡水煮，但是豆子罐头真的是一种更为方便的选择，家里常备的豆子罐头就有鹰嘴豆（chickpeas）、意大利白豆（cannellini beans）及红腰豆（kidney beans）。只要打开罐头，将豆子用饮用水冲洗一下，就可以直接加入沙拉、汤或意大利面中。

番茄罐头

在自制番茄酱中有提到请尽量选购意大利进口的番茄罐头，风味较佳。

番茄糊（Tomato Paste）

这是浓缩的番茄酱，只要一大匙就可以让番茄料理如意大利肉酱、炖辣肉酱等，味道变得更浓厚，色泽更深。市面上有罐装及像牙膏的条状两种包装，最好是选购条状的，比较好保存。如果是罐装的，剩下没用完的可以分成一大匙分量冷冻起来，不用解冻直接烹调。

酸豆（Capers）

吃起来酸酸咸咸的酸豆让料理有地中海阳光的感觉。不论是整颗与肉或鱼一起煮或是切碎调成蘸酱，都非常提味。

意大利面

意大利面在意大利每个地区都有自己独特的形状，每种形状都有适合搭配的酱料。中国台湾最常见的直面（spaghetti）适合红酱，例如肉丸意大利面。宽扁面（linguine）适合黄油或橄榄油，例如蛤蜊意大利面。斜管面（penne rigate）可以用来做焗烤或沙拉。而螺旋面（Fusilli）有许多凹槽可以帮助酱料附着在面上。

扁豆（Lentils）

有丰富纤维及蛋白质的扁豆，可以加在饭里一起煮、煮汤或加在沙拉里。扁豆与切碎的洋葱、胡萝卜及芹菜一起煮搭配煎三文鱼排，是一道经典的法国小酒馆菜。

坚果

无调味的坚果可以为许多料理增添风味及口感，中西餐都用得到。坚果建议存放在冷冻库里，避免坚果本身丰富的油脂走味。

面粉

台湾的面粉一般分为低筋面粉、中筋面粉及高筋面粉。低筋蛋白质低，筋性较低，适合制作蛋糕或酥脆的饼干；高筋面粉相对的筋性高，适合有嚼劲的面包；中筋的用途广，可以制作甜点、面包，作为油炸料理的裹粉或勾芡使用。

泡打粉（Baking Powder）

在欧美蛋糕、饼干中几乎都会使用泡打粉，使烘焙物膨胀、松软，开封后最好储存在冰箱。如要确定你的泡打粉有没有效，可以将 1/3 杯的热水倒入 1/2 茶匙泡打粉中，如果有冒大量的泡泡，表示有膨胀效果。传统的泡打粉有添加铝，由于摄取过多的铝对身体不好，选购时请购买标明无铝成分的泡打粉。

无糖巧克力粉 / 调温巧克力（可可含量 70%~ 85%）

用来制作巧克力蛋糕、饼干等。在冬天也可以调制热巧克力，很少人会不喜欢巧克力点心的。

冷藏食品

黄油（Butter）

黄油有分无盐黄油及含盐黄油。我在实习的时候问过老师为什么她只用无盐黄油，她说：1. 使用无盐黄油，料理或烘焙时可以自己掌控咸度。2. 如果黄油过期味道走味，含盐的黄油会容易吃不出来。如果要制作酥脆的派或饼干可以选购脂肪比较高的黄油。

起司

我的冰箱里一定有三种用途广泛的起司：帕马森干酪块（parmigiano-reggiano），马自拉起司（mozzarella）及切达起司（cheddar cheese）。

墨西哥饼皮（Tortilla）

你可以自己制作墨西哥饼皮，不过就跟豆子罐头一样，买现成的真的是太方便了。饼皮可以冷藏也可以冷冻，几乎什么菜都可以卷在饼皮里吃。

培根（Bacon）

除了是早餐食材外，可以炒过加在汤里或意大利面中。培根一般是叠起包装，要冷冻的时候可以单片卷起再冷冻，方便取用。

食材在哪儿买？

如今，在超市购买进口食材越来越方便。此外，网络也渐渐成为人们购买食材和调味品的优先选择。以下超市和网络商店可供读者进行参考。

家乐福

全球大型连锁超市，在特定区域贩售进口食材和调味品。

city'super

贩售进口蔬菜、食材，起司及火腿可以称重购买。

City Shop

和 city' super 类似的大型连锁超市，有大量进口食材可供读者选购。

Fresh Market

进口食材量大、种类多，可供读者精心挑选更符合自己需要的食材。

乐购

形式同“家乐福”。

BHG

大型综合超市，遍布中国各大中城市，向顾客提供物美价廉、品质优良的生鲜、食品。

Ole

形式同“city'super”、“City Shop”。

麦德龙

大型食材批发、零售超市，提供食材批发，也可供顾客少量购买食材。

天猫“喵鲜生”

提供各种生鲜食材的网上商城。

http://www.tmall.com/

京东生鲜

性质同天猫“喵鲜生”。

http://fresh.jd.com/

U.S.A.M.D

图书在版编目（CIP）数据

两个人的小厨时光 / 吴欣儒著；王正毅图. -- 北京：中信出版社，2016.8
ISBN 978-7-5086-6475-0

Ⅰ. ①两… Ⅱ. ①吴… ②王… Ⅲ. ①菜谱 Ⅳ. ① TS972.12

中国版本图书馆 CIP 数据核字 (2016) 第 165779 号

两个人的小厨时光

著　　者：吴欣儒
策划推广：中信出版社（China CITIC Press）
出版发行：中信出版集团股份有限公司
（北京市朝阳区惠新东街甲 4 号富盛大厦 2 座　邮编　100029）
（CITIC Publishing Group）
承 印 者：浙江新华数码印务有限公司

开　　本：787mm×1092mm　1/16　　印　　张：8　　字　　数：25 千字
版　　次：2016 年 8 月第 1 版　　印　　次：2016 年 8 月第 1 次印刷
广告经营许可证：京朝工商广字第 8087 号
书　　号：ISBN 978-7-5086-6475-0
定　　价：38.00 元